了不起的中國人

給孩子的中華文明百科

U0061293

— 從鑽木取火到火力能源 —

狐狸家　著

新雅文化事業有限公司
www.sunya.com.hk

目錄

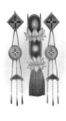

火：文明之光

在人類還不懂得如何使用火的遠古時代，每當太陽下山、黑夜降臨時，野獸的吼叫聲此起彼伏，我們的祖先們就只有躲藏起來，因寒冷和恐懼而瑟瑟發抖。沒有火，他們只能吃生的食物，因此經常生病。後來，人們在自然火災中發現火不但能照明，還能用它來取暖，抵禦寒冷、驅逐野獸。於是，人類開始學習保存和使用火。

自然火種
火存在於大自然中。雷電擊中樹木、火山噴發等大自然現象都會帶來火種，引發山林火災。

雷電擊中樹木
雷電擊中樹木，引發山林大火。

火給人類帶來了溫暖，同時使人們得到了熟食。有了火，食物經過烤熟、烹煮，人們就能減少食物中毒的情況，而且食物變得較易消化，祖先們也因此變得更加健康。當祖先們開始吃上熟食時，只能吃生魚生肉的時代便結束了。中華文明的火種，在這一刻燃亮了起來。

拾柴
祖先們拾取柴枝，作為燃料燒熟食物。

熟肉
死於森林大火中的動物被烤熟了，熟肉散發出誘人的香氣。

原始烹飪
祖先們把切成塊的肉放在石板上，在石板下面燒火，利用滾燙的石板把肉烤熟。

了不起的原始取火

在中國遠古神話中有個「燧明國」（燧，粵音睡），據說那裏生長着巨大的「燧木」樹，樹上生活着一羣神奇的鳥兒，這些鳥兒用嘴去啄樹幹時，樹幹會發出明亮的火光。傳說中，我們的祖先從這些鳥兒身上學到了生火的方法。他們取下樹枝摩擦木頭，或是用硬木棒去鑽另一根木頭。慢慢地，白煙升起，出現火花，祖先們就這樣獲取了火種。掌握了取火的方法後，他們再也不用苦苦等待從自然界中取火了。

燧木
傳說中的一種樹木，神話人物燧人氏利用這種樹木的枝條鑽木取火。

鑽木取火
用硬木棒摩擦或鑽木頭，會使木頭的溫度不斷升高，最後被點燃。

學會鑽木取火的技術後，祖先們又發現用特定的石塊相互敲擊會冒出火花。他們把這些石頭叫作「燧石」。遠古時大地上布滿山林，四周有不少燧石，祖先們用石頭追打野獸時，石塊和燧石相撞，產生的火花點着了枯枝。受此啟發，祖先們學會了敲擊燧石取火。

燧石
俗稱火石，很堅硬，在原始時代常被做成各種石器。

擊石取火
燧石互相擊打，會產生火花，可以用來引火苗。

了不起的刀耕火種

你有去過農村嗎？平坦的田野上，整齊的水稻或小麥隨着風像波浪一樣起伏，看上去真是漂亮！但在祖宗們生活的時代，土地可沒有這麼平整，上面長滿了雜亂的野草樹木。祖先們想種莊稼，需要先砍掉植物的枝葉，再用火燒掉植物剩下的根莖。大火隨風蔓延，所過之處各種灌木雜草被「打掃」得乾乾淨淨。冒着青煙的土地，等待着播下種子。

放火
放火除草的時間很重要。燒早了，灌木雜草容易重新生長；燒晚了，又會耽誤種植莊稼。

樹椿
砍伐樹木時會留下樹椿，過幾年樹椿長出樹葉後會被再次砍伐。

砍伐灌木
放火焚燒之前，祖先們先用石斧把地面上的植物砍掉。

種植
人們小心翼翼地播種，盡量不去除地面的草木灰，讓莊稼能夠吸收更多的養分。

被火燒過的土地會變得鬆軟，不用翻土就可以直接種植莊稼了。祖先們用一根尖尖的木棒，在燒過的地上戳出一個個小洞，把種子撒進洞裏，再把小洞踩平，播種就這樣完成了。通過燃燒植物所得的草木灰，成為了養分充足的肥料，讓莊稼茁壯地成長。刀耕火種，是人類原始時代最常用的耕作方式。

焚燒
林火會燒掉土壤中的草籽和蟲卵，避免它們影響莊稼生長。

草木灰
不但含有多種營養，還能幫助土地保暖。

游耕
人們在被燒過的土地上種植兩三年以後，就會放棄這塊土地，重新選一片地方刀耕火種。這種不斷換地方的耕種方式叫作游耕。

了不起的存火和取火術

温暖和安全的生活離不開火。但對祖先們來說,取火並不是一件容易的事。怎樣才能把火種長久保存下來呢?起初,人們不斷向火堆裏扔木頭和樹葉作燃料,保持火焰一直燃燒,可是火堆無法移動,而且必須要有人守着。要是人們能隨身攜帶火種,隨時隨地生火就好了。後來,祖先們發明出更方便保存火種的方法,比如把火種保存在陶製的火種器裏。

添柴
為了確保火一直燃燒不會熄滅,祖先們不停地向火堆裏添柴。

火種器
火種器就像一個陶罐。把燃燒的火炭放進罐裏,用黑炭覆蓋後蓋住罐口。需要時,打開罐口吹火,火苗便會重新燃起來。

後來，祖先們取火的辦法越來越便捷。春秋時期，出現了利用太陽光取火的工具——陽燧。陽燧像一面神奇的鏡子，光滑的鏡面把陽光聚集到一個小點上，點燃取火用的艾絨等燃料。很久之後，人們又發明了火折子——把緩慢燃燒、不見明火的紙筒和乾蘆葦等易燃物塞在竹筒裏，蓋上留縫，保持裏面的火種不熄滅。需要點火時，只要打開蓋子一吹，火苗就會燃起來。火折子的外型小巧，便於攜帶，容易使用，方便人們隨時生火。

磷

硫磺

松香

陽燧
陽燧是用金屬製成的，模樣像一個凹進去的圓盤，盤面非常光滑。

火折子
有的火折子裏塞有松香等易燃物，生火更容易。

草繩
人們將蒿草、菖蒲、艾草等乾草編織成長草繩。只要點燃草繩的一端，這樣既可驅除蚊蠅，又可保留火種。

與火有關的中國智慧

萬戶飛天

火在燃燒時會釋放熱量，產生熱氣，形成推進力——這個秘密在很早以前就被中國人發現了。相傳明朝有個人，被封為「萬戶」，他有一個飛上天空的夢想。為了實現這個飛天夢，他手裏拿着風箏，坐在一把捆綁着 47 支火箭的椅子上。萬戶叫僕人點燃火箭，火箭燃燒，帶着他衝向了空中……萬戶雖然失敗並獻出了生命，但他的飛天之夢，激勵了後世的所有人。

眾人拾柴火焰高

木柴是古人取暖做飯的常用燃料。一根木柴燃燒的時間有限，燒的火也不旺。但如果人們都找來木柴放進火裏，小小的火焰就會變成沖天的熊熊烈火。中國人常用「眾人拾柴火焰高」這句話形容人多力量大。

火中取栗

火可以燒熟食物，但人如果不小心也很容易被火燒傷。在一則寓言故事裏，一隻猴子把栗子放在火裏烤熟，然後騙貓去替牠取出來，結果貓爪上的毛都燒掉了，卻沒有吃到栗子。中國人常用「火中取栗」比喻被別人利用，幹了冒險事卻一無所獲。

城門失火，殃及池魚

傳說在春秋時宋國都城的城門着火，火勢很大，老百姓和士兵都跑去救火。其他地方的水源離得太遠，人們就取護城河的河水來滅火。大火終於被撲滅了，但河裏的魚卻因缺水而死。後來，中國人常用「城門失火，殃及池魚」形容因為無辜被牽連遭受禍害。

只許州官放火，不許百姓點燈

人們發現火可以用來照明，後來發明了燈。從前，宋朝有個人叫田登，是一個州官。他不喜歡別人直呼他的名字，甚至連和「登」同音的「燈」也不能說，於是百姓只能將「點燈」說成「點火」。一次節日時，他手下小吏貼出的榜文上，「放燈三日」竟然寫成了「放火三日」！後來，人們常用這句話形容統治者可以為所欲為，人民的正當權利卻受到各種限制。

放火三日

飛蛾撲火

火可以帶來溫暖，驅逐黑暗。一些具有趨光性的昆蟲會不由自主地飛向火堆等光源。但是火的溫度非常高，如果近距離直接接觸它會危及生命。飛蛾撲火便是如此，小小的飛蛾執着地撲向熾熱的火光，自己的生命之火卻在瞬間熄滅。

爐火純青

不同溫度的火焰顏色是不一樣的，人們通過觀察火焰的顏色便可以大致判斷出火的溫度。古人煉丹需要非常高的溫度，相傳，當熾熱的爐火變成純藍色時，煉丹就算大功告成了。「青」在古代常指藍色，中國人愛用「爐火純青」來稱讚一個人的修養、學問和技術等達到了完美的境界。

火眼金睛

火焰能夠在燃燒中創造新物質，引起了人們許多浪漫的想像。在古典文學名著《西遊記》裏，主角孫悟空在大鬧天宮之後，被太上老君關進了八卦爐。結果，孫悟空不但沒有被燒死，雙眼反而煉成了「火眼金睛」，能識別妖魔鬼怪。現實生活中，人們常用「火眼金睛」形容一個人眼光敏銳、明辨是非。

了不起的古代燃料

熊熊燃燒的烈火需要大量的燃料。隨着文明的發展，祖先們開始把木柴和竹子堆在窯裏燒成木炭。比起木柴、竹子，木炭燃燒的溫度更高，可以燒得更久，產生的煙也更少。此外，人們還發現了一種可以燃燒的「黑色石頭」——煤。由於煤炭可以直接從大自然開採，是一種適合用於大規模冶煉的燃料。

木柴

燒木炭
木炭是過去人們常用的燃料。有些人在大山中伐木燒炭，以賣炭為生。

木炭

煤炭

煤礦
中國採煤歷史悠久，早在先秦時期，人們就開始挖煤。宋代以後，煤炭被更加廣泛地使用。

無論是取暖照明，還是燒水做飯，都離不開火。古時，人們在日常生活中更會活用周遭環境可取得的天然燃料，例如樹木、竹子、蘆葦，還有莊稼收割後留在田地裏的秸稈（秸，粵音街）等；人們甚至會應用牛的糞便來作為燃料呢。聰明的中國人想方設法，給火焰找來五花八門的「食物」，讓家家戶戶也能燃起爐火。

乾糞 牛羊拉出的糞便，雖然臭烘烘的，但會有很高的植物纖維，乾燥以後是很不錯的燃料。

收集牛糞

麥秸稈和蘆葦
莊稼收割後，田野裏剩下的秸稈可以用來燒火煮飯。蘆葦、茅草等常見草木，也是各地農家常用的生活燃料。

曬牛糞
濕漉漉的牛糞被貼到牆上，經過風吹日曬，乾燥後變成結實的糞餅。農家用糞餅做燃料，燒出香噴噴的飯菜。

秸稈
秸稈，即農作物脫粒後剩下的莖稈。

蘆葦稈

了不起的御火術：窯

窯是一種以耐火材料構成的建築物，用來燒製磚、瓦、陶瓷等器物。它已有五千多年的歷史。窯裏的窯火像是一位魔術師，不同的泥土經它煅燒，變成陶瓷、磚瓦等有用的器物，但它又像是一匹野馬，溫度忽高忽低，難以把控。在過去，想成功燒製器具，就必需有效地控制窯火的溫度。

饅頭窯剖面圖

饅頭窯
這種外型像饅頭的窯最早出現於西周，獨特的形狀有助於保持窯內溫度。

煤炭
宋代以後，人們大量使用煤炭，有效地提高了窯裏的溫度。

木柴
儘管煤炭被大量使用，但一些燒窯人仍然繼續使用優質木柴燒窯。

泥坯
用泥土製作的坯體，放在窯內進行燒製。

祖先們試着去摸索窯火的脾氣。通過持續的觀察，他們不斷總結經驗，發明了各種探測溫度的工具。慢慢地，他們學會了通過火焰顏色判斷窯火的溫度，並利用燃料、風力和爐腔設計等「法寶」給這匹「野馬」套上了韁繩。從此，燒窯變成了火與土完美融合的藝術，無數實用又美麗的日用品和藝術品在窯火中誕生。

火焰色彩
火焰的不同顏色代表不同的溫度。

暗紅的火焰在跳動，這時窯內溫度比較低，約攝氏 600 度。

當火焰呈橙黃色時，窯內溫度已經超過攝氏 1,000 度了。

金白色火焰出現時，窯內已經約攝氏 1,300 度。

一般窯火很難出現藍色火焰，那需要達到攝氏 1,500 度。

火照
把它們和泥坯一起放進窯裏燒，當需要查看窯內溫度的時候，就用鐵鈎把它們鈎出來觀察。

把頭
判斷和掌控窯溫的人，又叫「把樁」，通常由經驗豐富的燒窯人擔當。

了不起的御火術：鼓風機和高爐煉鐵

　　煉鐵需要攝氏上千度的高溫，人們對掌控煉鐵爐中火焰的溫度變得更有要求。祖先們在生活中發現，當山風呼嘯而過時，森林裏的野火會燒得更猛烈，於是領悟到風可以助長火勢。他們發明了鼓風機，借用風的力量，提高爐火的溫度。早期的鼓風機是用牛皮製成的，叫作橐（粵音托）。後來出現了風箱，它就像打氣筒一樣，人們通過推拉把手，將風灌入煉鐵爐。

運送燃料　宋代以前，煉鐵以木炭為主要燃料，人們把木炭和鐵礦石一起運送到高爐裏。

橐　古代的一種鼓風機，透過轉動轉盤，就可以源源不斷地向高爐裏輸送空氣。

運煤　宋代以後，煤成為主要的煉鐵燃料。

打水　煉鐵離不開水，水可以起到冷卻的作用。

熔鑄　熔化後的鐵水溫度非常高，被倒入模具後慢慢冷卻成形。

高爐煉鐵是古代中國人的又一項智慧創造。高爐中鋪滿了層層鐵礦石和木炭，底部裝有鼓風機。原料由頂部放入，空氣從底部源源不斷進入爐中。木炭燃燒的火苗越躥越高。堅硬的鐵礦石在烈火的高溫中漸漸熔化，再灌入模具，塑造成各種形狀。高爐的出現提高了鐵的產量，能夠生產更多的鐵器，讓人們的生活變得更為便利。

鐵水
高爐內的高溫讓堅硬的鐵礦石熔化成了鐵水。

爐溫
在鼓風機的幫助下，爐溫達到了煉鐵所需的攝氏一千多度。

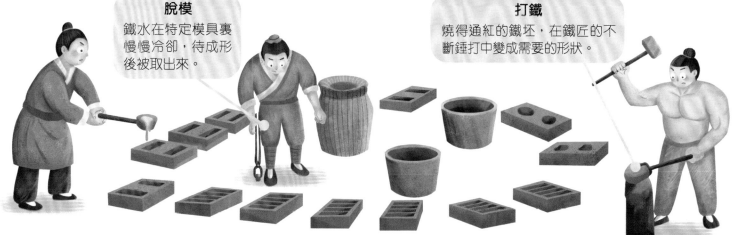

脫模
鐵水在特定模具裏慢慢冷卻，待成形後被取出來。

打鐵
燒得通紅的鐵坯，在鐵匠的不斷錘打中變成需要的形狀。

了不起的御火術：蒸餾

你有沒有觀察過廚房中的蒸鍋？在蒸鍋裏蒸食物時，水會慢慢變成蒸氣升騰起來，遇到溫度較低的鍋蓋，蒸氣凝結成小水珠，順着邊緣流下來。蒸鍋裏的水就這樣經歷了一次蒸餾的過程。祖先們發現，通過蒸餾，可以去除液體中的雜質，獲得更加純淨的液體。受此啟發，人們摸索出如何利用蒸餾獲得酒精濃度高的美酒。

蒸餾　將發酵後的原料進行一次或多次蒸餾，便能得到高酒精濃度的酒液。

銅製蒸酒器
蒸氣碰到金屬凝成小水珠，通過導管流出就成了酒。

木製蒸餾器

釀酒原料
水稻、小麥、高粱、玉米、紅薯和豌豆等各種各樣的糧食都可以用來釀造香醇的美酒。

水稻　　小麥　　高粱　　豌豆

隨着蒸餾技術的進步，蒸餾器應運而生。人們用高粱、小麥、水稻、豌豆等糧食發酵得到的酒糟和發酵酒被放到蒸餾器裏進行蒸餾，蒸餾後收集到高濃度的酒液，就是蒸餾酒。在過去，每到慶祝和祭祀等重要時刻，人們都會用酒來助興。通過蒸餾得到的蒸餾酒，比發酵酒更加香醇醉人，流傳下許多動人的詩篇與傳說。

慶祝豐收
豐收時節，大家聚在一起飲酒，在微醺中慶祝收穫的喜悅。

蒸餾酒
白酒基本上都是蒸餾酒。蒸餾酒的原料除了糧食還有水果、馬奶等。

高粱酒　雜糧酒　米燒酒　大麥酒　糟燒酒　大曲酒

了不起的御火術：熬鹽

鹽是我們日常生活中最重要的調味料。中國海岸線綿長，人們在很早以前就把目光投向大海，生產海鹽。最初，人們刮取海邊的鹹土，或用草木灰提取海水中的海鹽，將它們作為製鹽的原料。製鹽時，先用水沖洗原料，鹽分融化後形成鹽滷，再用火加熱鹽滷，待水分蒸發後便能得到結晶鹽。為了生產出更多、更好的鹽，人們使用專門的灶台熬煮鹽滷，並在鹽滷裏添加豆漿、皂角等去除其雜質和毒性。

牛車運柴
熬鹽需要很多的燃料，人們用牛車來運送大量的木柴。

鹽滷
含鹽量很高的鹽滷是熬鹽的原料，它不但又苦又鹹，而且帶有毒性。

豆漿 熬鹽時在鹽滷中加入豆漿，可以去除鹽滷中的毒性，得到純度更高的食鹽。

皂角
這是皂角樹的果實。熬鹽時向鹽滷中加入皂角，可以使熬出來的鹽更潔白。

燒火熬鹽需要很多燃料，最初人們多使用木柴、乾草來燒火。後來，一些地方的人們在開採井鹽的過程中，發現地底溢出的某些氣體遇火就會燃燒，於是嘗試用這些氣體作為燃料。這些神奇的氣體，就是我們今天使用的天然氣。人們因而更容易在浩瀚的大海和廣闊的灘塗找出天然的「鹽倉」，收獲雪白的食鹽。

多灶煮鹽
灶台上有多個爐口，可以同時放多個容器熬煮鹽滷。

井火煮鹽
鹽井裏噴出的氣體遇到火就會燃燒，這樣的井被稱為火井。很早以前，中國人就開始引井火煮鹽。

曬鹽
在大海或鹽湖邊，人們將鹹水引入鹽池，利用太陽暴曬蒸發水分，獲得結晶鹽。

了不起的御火術：烹飪

灶台是廚房裏生火做飯的地方。最初，祖先們家中並沒有灶台，屋裏只有一個用來燒煮食物的火堆，叫作火塘。後來，祖先們用泥土和石塊砌出一個平台，下方留灶口，用來添柴燒火，上方留出一個圓形的爐孔放灶具，這就是灶台的雛形。

船形灶
漢代南方的船形灶形狀像小船，灶上通常有兩個爐孔，看上去很有趣。

函牛之鼎
在灶台出現以前，人們直接架起火堆烹煮食物。鼎就是放在火堆上煮東西用的器具。有的鼎非常大，甚至可以煮一整頭牛。成語「函牛之鼎」，常被人們用來形容氣勢宏大。

多火眼灶
放炊具的爐口叫作火眼。多火眼灶上不同的火眼擁有不同的火力。

灶台外貌多種多樣，有「尾巴」尖尖的船形灶和四四方方的方頭灶等各種形狀。隨着時間推移，灶台的設計越來越進步，在歷史發展中出現了擋火牆、排氣孔、出煙孔等構造，它們可以減少廚房中嗆人的煙霧。灶台的火力強弱和烹煮時間的長短，決定着最終端出來的飯菜好不好吃。

隔煙方頭灶

漢代北方多使用方頭灶，有的灶台上有隔煙板，可以隔絕嗆人的柴煙。

灶王爺

民間傳說中管理灶火的神明。傳說，灶王爺會在年終上天庭，向玉皇大帝報告人們日常的善惡。

文火與武火

烹飪中把小火稱作文火，把大火稱作武火。文火適合慢慢熬煮，武火適合快速爆炒。

中國人灶台上的美味

家裏最溫暖的地方，應該就是廚房了吧。家人在灶台前忙碌，灶火上各種食物香氣四溢，溫暖着人們的腸胃和心情。「民以食為天」，稻麥菽豆（菽，粵音熟）、蔬菜肉食，人們進食的食物種類不斷增加，用於烹飪的器具也在不斷變化。商周時期，人們還在使用笨重的青銅鼎；到了宋代，家家戶戶的灶台上已經出現了輕巧的鐵鍋。

豆腐 據說豆腐是由西漢時一位叫劉安的諸侯王發明的。

廚娘 自古以來，廚師多是由男子擔任。到了唐宋時期，酒肆茶樓和高宅大院裏才出現了女廚師的身影。

蔬菜 過去的蔬菜品種不如今天的豐富，比如青瓜、菠菜和番茄，分別在漢代、唐代和清代以後才出現。

隨着人類的文明不斷進步，人們運用各種食材和烹飪用具，探索烹飪，帶來了創新的烹調方法——烤、煮、蒸、炸、炒……在一代代廚師們的用心烹飪中，創造出無數中華美食。廚師們利用種種技法，將腥臊生冷的食材變為美味的佳餚，各種獨特的烹調技藝，博大精心，流傳後世。人間煙火不息，美食的香氣穿越千年。

烤鴨　烤鴨這道菜歷史悠久，據說起源於南北朝時期，在明代成為京城官府人家的席上珍品。烤鴨的燃料以果木柴為佳，果木柴煙少火旺，燃燒起來有一股清香味。

爆炒　宋代之前，鐵鍋還沒有被廣泛應用，人們大多使用煮和烤的方式烹調食物。直至鐵鍋的普及，才讓「炒」這一烹飪方法開始流行起來。

蒲扇
烹飪時，利用蒲扇來扇風，讓火更旺。

火鍋
火鍋起源於三國時期，至宋代已很流行。

燒烤　在漢代的畫像磚上，人們發現了烤肉串的場景。

了不起的御火術：照明

人類在驅散黑暗的火光中見到了文明的曙光。遠古時代，人們在夜間利用篝火或火把照明，後來漸漸出現了使用起來更方便的油燈。在戰國時，貴族們使用青銅燈，但它們對平民來說太昂貴了，百姓只能使用廉價的陶燈。後來，類似今天的蠟燭的「蜜蠟」在漢代開始出現，然而，它長久以來都是只限於皇室貴族使用的奢侈品。

陶燈
陶製的豆形燈是平民百姓常用的油燈。

省油燈
省油之處在於它的雙層設計：一層裝油，用來照明；一層裝水，用來散熱。由於有水降溫，油會消耗得更少。

行燈
西漢時期常見的燈具，行走時可以端着照明。

油脂
動物身上厚厚的油脂可以當作油燈的燃料。

蜜燭
這是我國最早的蠟燭。以蘆葦作芯，用布纏繞，外面塗上蜂蠟。

松明
松明也叫「明子」，來自松、柏等樹木，燃燒起來熱量大，即使在風中也不容易熄滅。

白蠟蟲
這種昆蟲的分泌物可以用來製作蠟燭，中國人在幾千年前已開始飼養白蠟蟲。

千百年來，從樹脂、動物油脂到植物油，油燈使用的燃料有很多選擇。出於實用和美觀的需要，油燈的形狀也變得越加精美，例如：設計巧妙的人形、動物形和植物形油燈，在今天看來也是非常美麗的藝術品。由於把動物油脂作為燈油燃燒時，會冒黑煙，還會有嗆人的氣味。聰明的中國人就在燈上加上煙道，將油煙導入燈腹，以避免釋出黑煙。油燈裏跳動的小小火苗，照亮了祖先們幾千年的漫漫長夜。

東漢人形銅吊燈
扁圓形的是燈盤，托燈盤的小人其實是一個儲油箱。燈盤有輸油小口，當燈盤中燈油過多時，油會通過小洞口回流到小人體內。

羊燈
這件西漢時的銅燈外形像一隻羊，古文中「羊」、「祥」通用，以羊形做燈，寓意吉祥。

長信宮燈
西漢時的銅燈，點燃後油煙會順着宮女袖管進入燈內。

雁足燈
戰國時的青銅燈，外形像一隻雁足，膝部和腳蹼刻畫得細緻逼真。

釭燈（釭，粵音缸）
釭燈是一種利用彎曲煙道循環處理油燈的油燈，出現於漢代。

牛形釭燈

鳳形釭燈

青綠釉蓮瓣紋燈
燈盤四周有蓮瓣造型的花紋，遠遠望去像一朵盛開的蓮花。

了不起的御火術：取暖

在寒冷的冬季，人們常會燒火取暖。古人利用各種暖具發揮火的妙用，比如用竹子編成的火籠，在陶製內膽裏放上燃燒的木炭；這不僅是一個別緻的暖爐，還可以用來烘乾衣物。又比如北方常見的火炕，寒冷的冬夜，屋外北風呼嘯，人們會把屋內的火炕燒得火熱。躺在炕上，聽着柴火燃燒的「噼啪」聲，這一晚，家人們又會在暖暖的被窩裏聊什麼呢？

火籠

火炕
用磚頭或泥土砌成，連接着房屋地板下的通道。當炕裏生火後，熱氣循着通道流走，令室內溫暖起來。

我們的祖先創意無窮，發明出各式爐具暖器。他們將滾燙的熱水灌進小圓壺，或是在各種金屬器皿裏放置炭火，利用這些器具取暖。此外，一些富貴人家還會在燃料中添加好聞的香料，使室內不但溫暖而且香氣宜人。無論是小巧玲瓏的手爐、熏爐，還是厚重樸實的火炕、火牆，這些器物不僅展現了人們對溫暖的追求，還有代表着祖先們與火共生的生活智慧。

湯婆子
常見的取暖器物，灌上熱水、蓋好蓋子後，可以放在被窩裏或抱在手中取暖。

熏爐
內置香料，是用來熏香和取暖的爐子。

熏籠
由竹片編成，倒扣在炭火盆或熏爐上。既可防止炭灰飛揚，又能取暖和熏香衣物。

腳爐
一種天冷時把腳放在上面烘腳用的小爐。

化為灰燼的珍寶：焚書與火燒咸陽宮

火能帶來光明，也能醞釀災難，帶來毀滅。二千多年前，征服六國、一統天下的秦始皇，為了徹底讓人們臣服於自己，下令將民間保存的《詩經》、《尚書》和諸子百家的著作全部燒毀。火舌吞噬了一卷卷記錄着祖先們經驗和智慧的典籍，這些珍貴無比的歷史文化記錄在火光中灰飛煙滅。

孔壁藏書
為了保存祖先的智慧，在秦始皇下令焚書時，孔子的後人將許多儒家著作藏在家中的牆壁裏。到了漢武帝時期，這些典籍方被人們發現。這就是著名的「孔壁藏書」的典故。

焚書
秦朝剛建立的時候，一些儒生引用儒家經典，借用古代聖賢的言論批評時政，這是秦始皇下令焚燒書籍的重要原因之一。

在火中化為灰燼的不僅有書籍，還有建築。咸陽宮是秦朝的皇宮，輝煌壯麗，有着各具特色的「六國宮殿」，宮殿之間由像彩虹一樣的甬道相連。秦朝滅亡時，咸陽宮被項羽手下一把火燒成了廢墟。曾下令焚書的秦始皇，最後，其氣勢恢宏的皇宮也在歷史的火焰中消失了。

咸陽宮
咸陽宮恢宏壯麗。秦末，
項羽攻入咸陽，縱火焚城，
咸陽宮終被焚為廢墟。

消失的宮殿
歷代有很多著名的皇宮建築，
如漢代的未央宮、長樂宮，唐
代的大明宮、太極宮等，都是
消失在戰亂的烈焰中。

了不起的軍事：火攻與《孫子兵法》

造福人類的火焰有時也會成為消滅生命的殺手。儘管祖宗們一度認為在戰場上使用火攻是不對的做法，但由於人們對戰爭勝利的追求，火焰最終被帶上了戰場，在一場場戰爭中發揮出可怕的威力。根據古籍記載，人們曾利用動物協助實施火攻。可憐的動物攜帶着火種或火源，毫不知情地上戰場。

雀杏
捕捉在敵軍城中築巢的雀鳥，把填充了火種的杏核綁在鳥兒腳上，然後放飛。當雀鳥飛回巢穴，同時也將火種帶到了城裏。

風向
使用火攻作戰需要配合風向。

火牛
在牛角上綁上尖刀，牛尾上綁上稻草。點燃牛尾上的稻草，牛羣會受驚向前狂奔。

火攻，說起來簡單，實施卻很難，需要天時、地利、人和，還需要充分的計劃和布置。《孫子兵法》是中國現存最早的兵書，書裏對火攻的戰術運用進行了總結。但是作者孫武同時認為，國家滅亡了就不能復存，人死了也不能復生，所以對待戰爭這件事一定要慎重。

火禽
事先捕捉敵方境內的野雞，將帶有火種的核桃套在野雞脖子上，再放走野雞。核桃殼被燒壞後，火就會在敵人的地盤上蔓延。

火獸
把存有火種的葫蘆繫在事先捕捉到的野獸身上，再朝着敵軍陣營驅趕野獸，藉此放火。

長生不老的寄托：煉丹

　　咦，道觀丹爐內的火焰正在煉着什麼呢？原來是古代的道士正在煉丹。古人們渴望能長長久久地活下去，秦始皇還曾派人出海尋找長生不老藥。煉丹術是過去人們追求永恆生命的產物，他們將各種礦物和植物放入煉丹爐中燒煉，希望能研製出讓人長生不死的「仙丹」。可惜那些吞下各種仙丹的人們，不僅沒有得到長生，反而有些還丟失了性命。

煉丹師
在古代有很多道士熱衷於煉丹，比如東晉時的葛洪、唐代的孫思邈等。

煉丹爐
煉丹師把各種植物和礦物放在煉丹爐裏煉製，希望能煉成仙丹。

為什麼仙丹會奪去人的性命呢？因為煉製仙丹除了使用靈芝、雞血藤等藥材，還會用上黃金、雲母等礦物，當中可能會含有有毒物質。這些丹藥吃進肚裏不僅不會延年益壽，還會因此而中毒。雖然追求長生的願望是美好的，但是煉製仙丹的結果卻是荒唐的。然而，古人在煉丹的過程中，也會在無意中有一些科學上的發現。

中毒
一些煉製的丹藥裏含有有毒物質，人們吃下丹藥就會中毒，危害性命。

了不起的火藥

中國古代偉大的「四大發明」之一——火藥，是古人在煉丹的過程中發現的。在煉製丹藥時，人們把木炭和硫黄等幾種原料混合在一起放入爐中，結果引發了爆炸。受此啟發，經過無數次實驗，中國人最終製造出穩定的黑火藥。黑火藥的主要成分是硫黄、硝石和木炭。後來，很多槍炮武器技術都是在黑火藥的基礎上發展起來的。

火藥爆炸

硝石
即硝酸鉀，西方人又稱之為「中國雪」，是火藥的重要成分。

硫黄

木炭（碳）

黑火藥
是由硫黄、硝石和木炭按一定比例混合製成的。

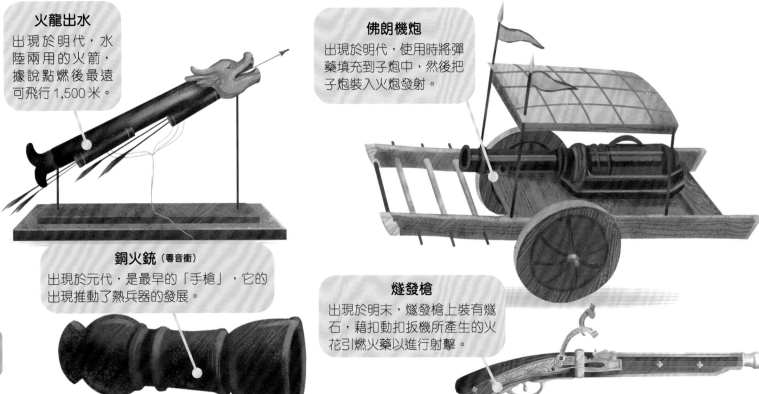

火龍出水
出現於明代，水陸兩用的火箭，據說點燃後最遠可飛行 1,500 米。

佛朗機炮
出現於明代，使用時將彈藥填充到子炮中，然後把子炮裝入火炮發射。

銅火銃（粵音衝）
出現於元代，是最早的「手槍」，它的出現推動了熱兵器的發展。

燧發槍
出現於明末，燧發槍上裝有燧石，藉扣動扳機所產生的火花引燃火藥以進行射擊。

火藥一開始並沒有被用到軍事領域，而是運用在醫藥和娛樂場合。隨着科技的進步，火藥所擁有的巨大破壞力開始被軍事家重視，漸漸應用到了戰場上。以火藥為原料的武器被古人稱為「火器」，明代時還成立了專門使用火器的部隊——「神機營」。隨着貿易與戰爭，火藥先是傳到了西亞地區，之後又傳到了歐洲。中國是世界上最早發明火藥和首先使用火藥武器的國家。

神火飛鴉
外型像烏鴉，用細竹或蘆葦編成，內部填充火藥，發射到敵陣進行轟炸。

霹靂炮
古代的「手雷」，以燃燒並產生煙霧攻敵。它的具體模樣，目前仍存在爭議。

中國人的信仰：火與神話幻想

很久很久以前的夜晚，我們的祖先們在火堆前仔細觀察着神奇的火焰。他們既為火能帶來光明和溫暖而欣喜，又為它能燒毀森林的強大力量而恐懼。面對神秘的大自然現象，人們不但崇拜和畏懼，更對它充滿了幻想，流傳了許多關於火的神話傳說。

祝融
傳說中的火神。相傳他傳下火種，並教人類使用火的方法。

火德真君
火神大家族的成員，古代民間信仰的神靈，三頭六臂，面相兇神惡煞。

鳳凰
一種代表吉祥的神獸。傳說鳳凰每五百年就會自焚，然後從灰燼中重生。

火光獸
傳說中的一種火鼠，住在南方的火山裏，能夠在火中生存。

祖先們在白天仰望天空，太陽耀眼奪目，讓人不敢直視；熾熱的太陽讓人們聯想到燃燒的野火，於是古人把太陽視為人間之火的源頭。而太陽在遙不可及的空中，似乎只有會飛的鳥兒才能接近，於是人們就把火、太陽和鳥聯繫在一起，想像出與火有關的神鳥形象。人們崇拜能找到火並保護火種的人，把他們視為英雄。漸漸地，這些英雄演變為和火相關的神靈。

三足烏
在中國古代神話中，太陽裏有三隻腳的黑色烏鴉生活着。

扶桑樹
傳說，在東方的大海上有一棵巨大的扶桑樹，有十個太陽住在樹上。

羲和
神話中太陽的母親，每天駕車陪伴太陽東升西落，並在晚上給太陽洗去風塵。

了不起的傳統燈彩

「正月十五賞花燈」是中國人延續千年的傳統。在古代，人們平日在晚上是不能在街上隨意走動的，這樣的管理方法叫作「宵禁」。但是到了元宵節晚上，官府允許人們扶老攜幼去街上欣賞花燈。那天晚上的街道，燈火明亮，人聲鼎沸。宋代以後，元宵節的夜空出現了一盞盞的孔明燈，橘色的光點像一顆顆星星，載着人們的美好願望和祝福，飛向遙遠的夜空。

天燈 又叫孔明燈，利用熱空氣上升的原理升空。最初它用於傳遞軍事信息，後來多用於在節日祈福。

元宵節這一天，宮廷和民間都會張燈結綵。鯉魚燈、荷花燈、牌樓燈，各式各樣的花燈讓人眼花繚亂；人們甚至還會用花燈架起壯觀的燈山、燈樹。當人們舉起龍燈舞動，猶如一條巨龍在人間遨遊，遠古時代燃起的熊熊篝火，在文明時代變成了溫暖美麗的花燈。直到今天，中國人還保留着元宵節賞花燈這個傳統習俗。

花燈　通常在元宵節等節日懸掛。人們先以竹或木條紮出花燈的骨架，再貼上紙或絹，然後給它進行裝飾。最後，在中間放上蠟燭，花燈便完成了。

河燈　農曆七月十五，人們把荷花形狀的燈點燃後放入河中，用來祈福或悼念逝去的親人。

舞龍燈　舞龍燈是人們最喜歡的節慶表演節目之一。人們舞動以長布製作的龍形花燈，藉此祈求來年風調雨順。

43

了不起的火樹銀花

自宋代起，每逢春節或元宵節，晚上常有五彩繽紛的煙火在漆黑的夜空綻放。煙火轉瞬即逝，絢麗奪目，讓人讚歎難忘。煙花的燃料是用火藥做的，裏面摻雜了不同比例的金屬鹽。點燃後，金屬鹽在高溫下分解，變幻出五顏六色的光芒。中國人喜歡在節日燃放煙花慶祝，煙火美麗的光芒和人們的歡笑傳遞着節日的喜悅。

煙花
人們於唐代發明了煙花，至宋代技術趨於成熟。煙花有兩層燃料，第一層是火藥，用來推動煙花升上空中；而第二層在燃燒時會產生出彩色火焰。

噴花
一種小型的煙花棒。人們可以把它拿在手裏燃放，噴出漂亮的火花。

炮仗 又稱鞭炮、爆竹。

盒子花
人們利用火藥劑和金屬絲做引線，編排出不同造形的煙花，再放入盒子裏。只要把這些煙花盒子掛在架上，按編排一層層燃放，就能造出特別的大型煙花表演。

天下太平

「噼里啪啦噼里啪啦」……什麼聲音？是春節的鞭炮！孩子們拿起單個的小鞭炮，點燃後立即捂着耳朵躲開。大人們則會將一串長鞭炮掛在竹竿上，挑出門外點燃，歡天喜地的響聲接連不斷。有的地方在過年時還會表演驚險刺激的「打鐵水」，場面十分壯觀。喜慶的火光點亮了千百年來盛大的節日，火樹銀花帶來的震撼與美好，永遠留在中國人的節日記憶裏。

鞭炮
古時人們在正月將竹子放在火裏燒，相信燃燒時的「噼啪」聲響可以祛除惡鬼瘟疫。到了宋代，人們開始用紙捲裹火藥做成鞭炮，點燃引線就會炸裂，發出巨大聲響。

打鐵水
表演者舀起鐵水灑向空中，用木板對準鐵水猛擊，落下的鐵像火花般飄灑。

了不起的消防：水龍車與救火會

人們常說「水火無情」。在過去，中國人喜歡用木材建造房屋。在乾燥的天氣裏，木材容易點燃焚燒。稍一不慎，小小的火花也會成為火種，迅速釀成火災，奪走人們的生命財產。因此，人們必須學好控制火源，以及學習如何滅火救災。古老的消防事業就這麼應運而生了。我國消防隊的出現，可追溯到宋代。

望火樓

這是中國古代的消防站，讓人在高處站崗放哨。一旦發現有地方出現火勢，便會立刻發出警報。

銅鑼 發現火災時，人們以急促的節奏敲打銅鑼發出警報，水會成員隨即立刻集合前往現場撲火。

水龍車

這個古代的「消防車」車內裝滿水，配有抽水裝置，並連接着長長的水管。人們合力按下水龍的槓桿，就能噴射出高達好幾層樓高的水柱，以壓制火勢。

讓我們坐上時光機，穿越回清代的街頭——你看，那座上面掛着銅鑼的高樓就是望火樓。望火樓擁有廣闊的視野，一旦觀察到火勢，上面的人就會馬上敲響銅鑼示警。在救火隊伍中，隊員們有的提着木桶澆水撲火，有的推着木製的「消防車」——水龍車，合力將火撲滅。清代晚期，出現了很多民間自發的消防組織「水會」。從古至今，總有很多無名英雄為了拯救大火中的生命，向着火光勇敢前行。

木桶
救火用的木桶裏常年盛滿水，以備隨時取用，這也可防止木桶乾裂。

水會
晚清時的民間消防組織，成員多為店舖學徒與小商販，他們在火災發生時會穿上特製的「號衣」前往滅火。

47

中華文明與世界・火之篇

煉丹術與煉金術

　　歐洲中世紀的煉金術師們夢想能把銅、鐵、鉛等金屬煉成貴重的黃金和白銀。而中國的煉丹者們則希望能煉製出使人長生不老的靈丹妙藥。

煙花

　　南宋的海外貿易十分繁榮，在當時外銷的商品中就包括了煙花。煙花深受世界各地人民的喜愛，每到重大節日，人們常用燃放煙花的方式來慶祝。來自中國的煙花，點亮了世界的夜空。

引火條

　　南北朝時期，宮女將硫黃黏在小木棍上，用這種引火條來點火，它可算是一種原始的火柴。到了南宋時期，杭州街巷裏的小販把松木削成薄片，用硫黃塗滿它的一端，將這些木片作為引火條出售。後來，歐洲近代也出現了用硫黃製成的火柴，透過摩擦生火。

火藥武器

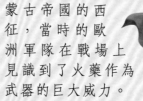

　　大約在南宋時期，源自中國的火藥被商人們經貿易傳入西亞地區。13世紀中葉，伴隨蒙古帝國的西征，當時的歐洲軍隊在戰場上見識到了火藥作為武器的巨大威力。

中國菜

　　19世紀40年代，美國出現「淘金熱」，許多中國勞工來到美國。伴隨着華人的湧入，中餐館在美國出現。來自中國的美食刷新了美國人的味覺，中國菜漸漸融入到當地人的生活之中。

烤鴨店

步槍

中國的火藥和火器傳到國外後，一直被加以改進，漸漸地，西方國家的槍械技術超過了中國。晚清時期，中國建立了漢陽兵工廠，用巨資從德國購買製作槍支的設備。抗日戰爭中，「漢陽造」步槍成為中國軍隊裝備的主力槍械。

熬糖技術

很早以前，中國就有了野生甘蔗，人們直接嚼飲甘蔗汁，或將它製成糖漿與糖塊食用。唐代時，唐太宗李世民派人從印度引入了先進的熬糖技術，提高了蔗糖的生產工藝與品質。

「洋火」

1826 年，英國人沃克發明了現代火柴。清代道光年間，西方國家把火柴當作禮物獻給道光皇帝，當時的人們把西方的這種火柴稱作「洋火」。此後，火柴漸漸走進尋常百姓家，成為生活的必需品。1879 年，中國第一家現代火柴廠在廣東佛山誕生。

蒸汽火車

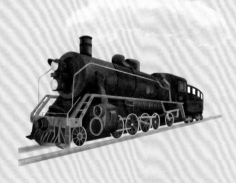

蒸汽火車以蒸汽作為動力，利用燒煤產生的蒸汽推動活塞，帶動車輪運轉。1865 年，英國人將蒸汽火車帶到了中國。

熱氣球

熱氣球和孔明燈一樣，都是利用熱氣上升的原理實現飛行。而能夠載人的熱氣球是由法國人孟格菲兄弟在1783 年發明的。1887 年，天津武備學堂的華蘅芳等人成功試飛了中國人自己設計的熱氣球。

了不起的現代消防

在我們今天的生活中，火災的潛在風險無處不在。一根細細的火柴、一個不起眼的插座，一台忘記關掉的暖風機……都有可能引發一場損失慘重的火災。每當火災發生時，專業的消防員會帶着各種消防裝備趕到現場。他們勇敢地面對大火，冒着生命危險去撲滅火焰，拯救生命。

消防員
消防員的主要職責是滅火，提供救援服務，同時也參與防火相關的工作以及其他緊急救護服務。

消防腰斧
消防員滅火救人時清除障礙物的好幫手。

安全鈎
可用來連接繩索，防止消防員在攀爬時墜落受傷。

耐火繩
具有一定的耐火性，內芯是鋼絲繩，外層是麻繩，可用於救人或運輸消防器材。

消防栓
消防栓像是一座儲水庫，可以連接水帶，源源不斷地供水。

防毒面具
防毒面具像一張神奇的過濾網，可以過濾阻擋有毒煙霧氣體。

消防衣
分為內外兩層，外層隔熱、阻燃，內層柔軟舒適。

滅火筒
針對不同起因的火災分為不同種類，使用時需要注意方法，以免產生反效果。

中國消防員的制服與裝備

隨着經濟發展與技術進步，中國消防員的裝備越來越多樣、越來越先進。由於城市裏的高樓大廈越來越多，傳統的消防車已經無法滿足高層滅火的需要。中國在 2014 年推出了完全自主設計的登高平台消防車 DG113。這種消防車可以直接把消防員送到 35 層樓的高度！

高壓水槍
和消防水帶相連，噴射強力水柱撲滅大火。它配備了高壓水槍，能將水流噴射到 80 米高的地方。

消防梯

消防車
除了能把消防員及時送到火災現場，它還像個「百寶箱」，載着許多消防設備。

了不起的現代火力發電

電冰箱、電視機、電風扇、電腦……你看，生活中每時每刻都離不開電。電力是重要的能源，它沿着細細的電線，為各種電器輸送動力。你知道嗎？電和火息息相關。通過火力發電，人們將燃燒產生的能量轉換為電力。在今天，火力發電依然是中國最主要的發電方式。

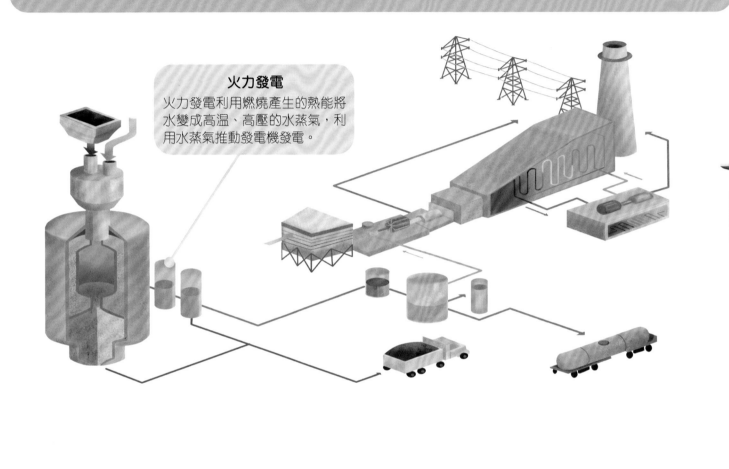

火力發電
火力發電利用燃燒產生的熱能將水變成高溫、高壓的水蒸氣，利用水蒸氣推動發電機發電。

火力發電廠
中國大地上矗立着很多喘着熱氣的「巨人」——火力發電廠，它們吞下無數燃料當食物，不分晝夜地生產電力，將其輸送到全國各地。

冷卻塔
冷卻塔利用冷水給發電廠中的發電機組降溫。

中國大地上分布着很多大型的火力發電廠。它們源源不斷地生產電力，並通過輸電線將電力輸送到全國各地的工廠、醫院、學校、商場、碼頭和車站……我們今天舒適的生活依然離不開火力發電。由於一些老舊的火力發電方式會造成環境污染，中國正在通過推廣綠色能源和各種節能減排技術，努力控制污染，保衞我們的碧水藍天。

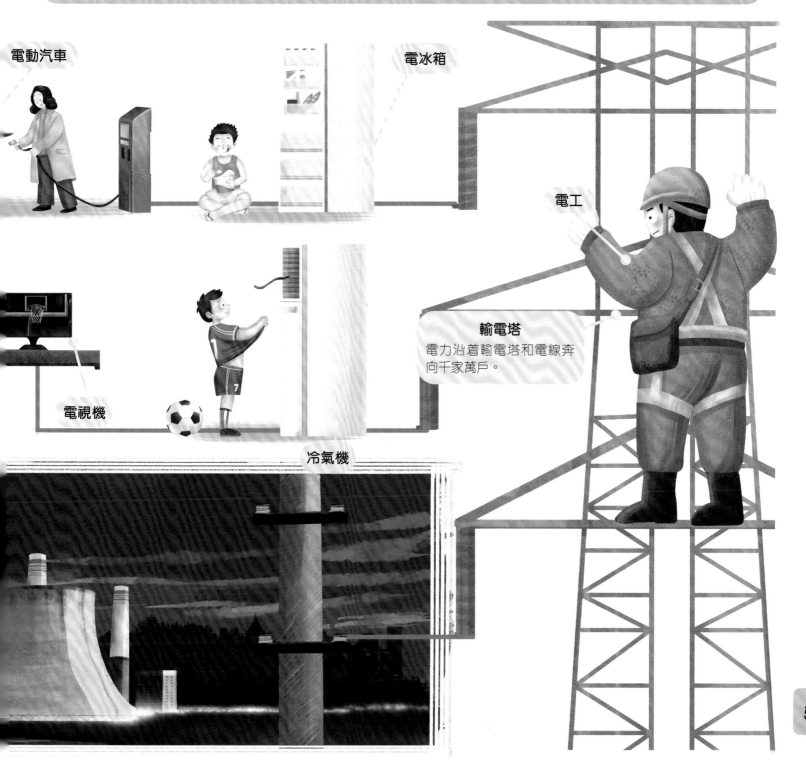

電動汽車

電冰箱

電工

輸電塔
電力沿着輸電塔和電線奔向千家萬戶。

電視機

冷氣機

了不起的**現代煤炭開採**

煤炭黑乎乎的，看起來非常不起眼，卻被大家尊稱為「烏金」、「太陽石」。中國人在今天利用各種先進技術勘探煤炭資源，建設煤礦，進行開採。1949 年，中國煤炭年產量只有 0.32 億噸，連國內的基本需求都無法滿足。到了 2020 年，年產量已高達 39 億噸，增長了約 121 倍。中國煤炭的年產量已多年位居世界第一位。

煤的形成

煤是一種化石燃料，是遠古植物變成化石的產物。經過幾千萬年前的地殼運動，古代植物被埋到地下被沉積物層層覆蓋。經過長年在高溫和重壓沉積下，它們慢慢形成了煤炭。

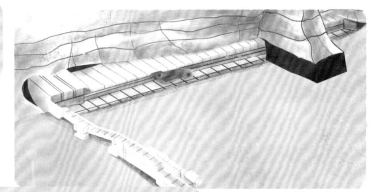

煤田 中國有很多大型煤田，煤炭儲藏量十分豐富，居世界第三位。

液壓支架

液壓支架就像一把巨大的保護傘，在地下為煤礦工人們撐起一片安全的空間。

採煤機

它的「牙齒」不斷轉動採探，將煤從礦層裏「咬」下來。

開採煤炭的過程並不容易，在依賴人工採煤的時代，常會發生慘痛的生產事故。在今天，中國研製出先進的採煤機、掘進機、液壓支架等採煤設備。人們利用大型機械挖掘和支撐坑道，在礦底代替人力開採和輸送煤炭，安全又高效。伴隨社會文明的發展，中國煤炭開採行業努力建設「綠色礦山」，保護生態環境。

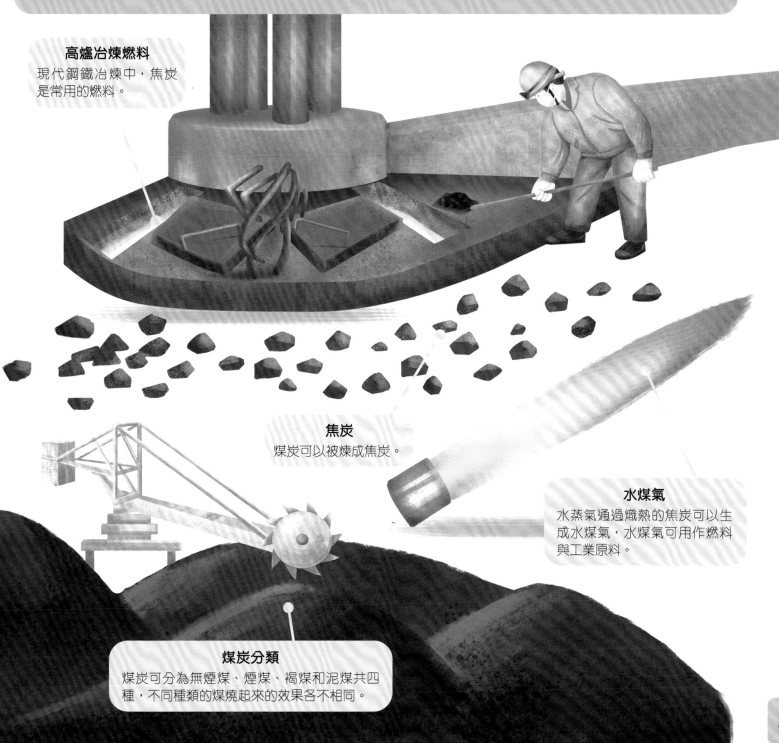

高爐冶煉燃料
現代鋼鐵冶煉中，焦炭是常用的燃料。

焦炭
煤炭可以被煉成焦炭。

水煤氣
水蒸氣通過熾熱的焦炭可以生成水煤氣，水煤氣可用作燃料與工業原料。

煤炭分類
煤炭可分為無煙煤、煙煤、褐煤和泥煤共四種，不同種類的煤燒起來的效果各不相同。

了不起的**現代石油勘採**

幾百年來，為人類工業文明充當燃料的「主角」不斷變化。從 19 世紀 70 年代開始，石油代替煤炭，成為技術變革的新動力之一，被譽為「現代工業的血液」。石油從哪裏來？大量的遠古生物死後，屍體沉積在泥沙中，形成沉積層。經過漫長的時間，在高溫和高壓之下，它們慢慢變成濃稠的石油，形成油田。石油與我們的生活息息相關，吃穿住行，哪裏都離不開它。

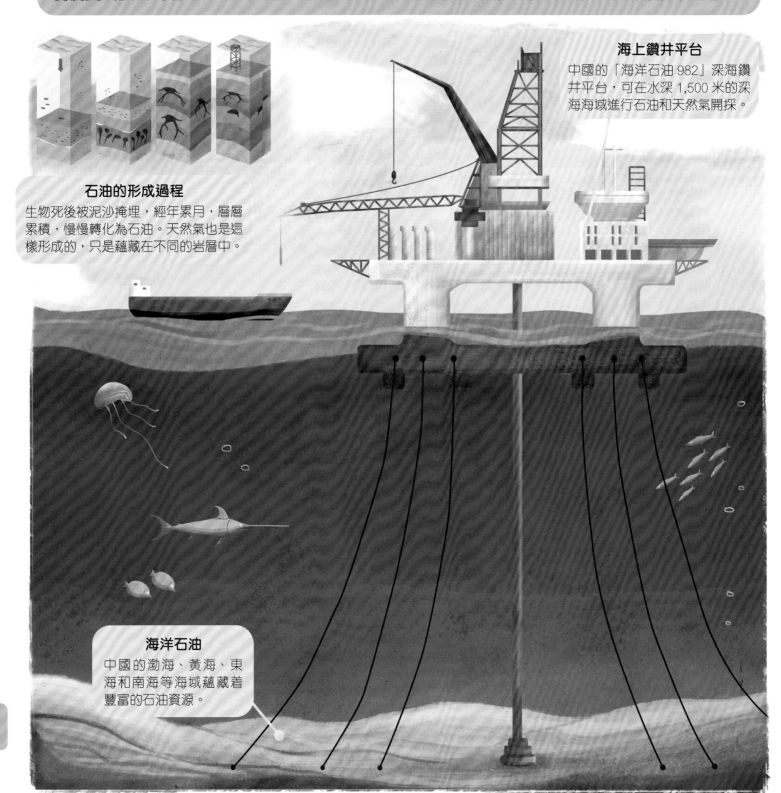

石油的形成過程
生物死後被泥沙掩埋，經年累月，層層累積，慢慢轉化為石油。天然氣也是這樣形成的，只是蘊藏在不同的岩層中。

海上鑽井平台
中國的「海洋石油 982」深海鑽井平台，可在水深 1,500 米的深海海域進行石油和天然氣開採。

海洋石油
中國的渤海、黃海、東海和南海等海域蘊藏着豐富的石油資源。

石油需要從油田中開採。曾經有外國人認為中國缺少石油礦藏。新中國建立後，根據地質學家李四光提出的理論，中國相繼發現了勝利、大慶、江漢等油田。此後，中國的石油勘探與開採技術不斷發展。今天，在中國領土上，從荒蕪的戈壁到遼闊的海洋，到處都有石油工作者忙碌的身影。

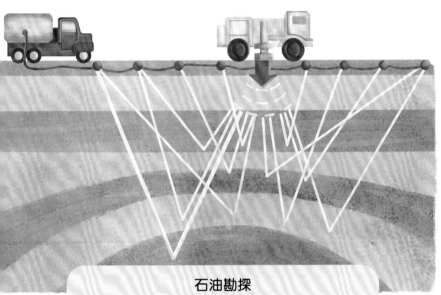

石油勘探

人們在陸地或海面向下發射地震波，通過分析反射回來的地震波就可以判斷下方是否藏有石油。

油田開採

許多油井需要用抽油機將石油吸出地面。石油工人可以坐在操作室內通過操縱機械來抽取石油。

抽油機

在油田，俗稱「磕頭機」的抽油機上下運動，把井下的石油送到地面。

了不起的「西氣東輸」工程

今天很多家庭都在使用天然氣做飯，但你了解天然氣嗎？它蘊藏在地下，含有大量甲烷，是一種比空氣輕且可燃燒的氣體。天然氣是一種潔淨環保的優質能源，使用上相對安全，燃燒時產生的污染物相對較少。中國的天然氣資源十分豐富。

蘇里格氣田
位於內蒙古的蘇里格氣田是目前我國陸地上最大的天然氣氣田，是「西氣東輸」工程中重要的天然氣氣源之一。

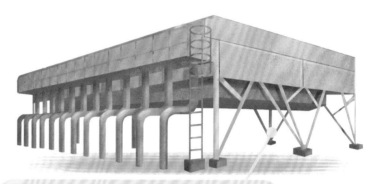

「西氣東輸」站點
「西氣東輸」工程沿線分布着各種維護天然氣傳輸和分配的站點。

西氣東輸
「西氣東輸」的天然氣管道西起新疆，一線工程的起始站是新疆輪南站。管道橫跨 9 個省區，每天輸送數千萬立方米的天然氣。

中國天然氣資源的分布並不均衡，西部的塔里木盆地、柴達木盆地和四川盆地中蘊藏着大量的天然氣資源，而東部地區的資源卻相對較少。為了同時滿足東西部經濟發展的需要，中國在 2000 年啟動了「西氣東輸」工程。塔里木盆地的天然氣一路穿越戈壁、荒原、高原和山區等各種地貌，傳送到中國的大江南北。這項工程不但帶動了經濟發展，而且減少了環境污染，改善了全國人民的生活質素。

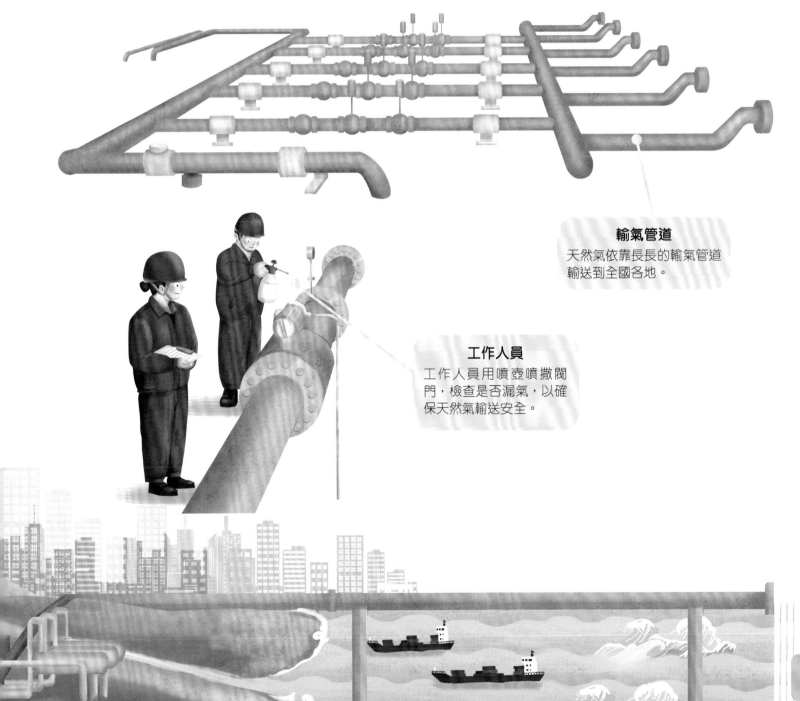

輸氣管道
天然氣依靠長長的輸氣管道輸送到全國各地。

工作人員
工作人員用噴壺噴撒閥門，檢查是否漏氣，以確保天然氣輸送安全。

了不起的現代軍工與航天燃料

中國蓬勃發展的新能源與軍工航天事業離不開與之配套的燃料技術。無論是威力驚人的核武器，還是利用核能發電的核電站，都離不開核燃料。洲際導彈含有多層推進裝置，裏面裝載大量的液體或固體燃料，可以把導彈發射到非常遠的地方，保衞國家安全。

核武器

核武器爆炸時會升騰起滾滾的蘑菇雲。中國在 1964 年成功試爆原子彈，成為世界上第五個擁有核武器的國家。

核燃料

核燃料可以釋放出驚人的能量。

洲際導彈

洲際導彈不僅射程遠，而且威力巨大。中國自主研製的東風 - 41 洲際核導彈，最大射程可達 14,000 公里，是中國捍衞國家安全、維護世界和平的王牌武器之一。

人類探索的目光已經投向太空，運載火箭是探索太空常用的工具。火箭的燃料主要分為液體燃料、固體燃料和固液混合型燃料三種，它們被點燃後會釋放出巨大能量。當引擎點燃，在驚天動地的轟鳴聲中，火箭騰空而起，噴出雄壯的尾焰，將人造衞星、載人飛船等太空船送向浩渺的太空。

點燃燃料

火箭發射時，燃料一般會被推送到燃燒室點燃，火焰通過噴管口噴出，產生巨大的能量。

火箭發射

長征系列運載火箭是中國自行研製的火箭系列。2008 年第一次將中國人送上太空的「神舟七號」載人航天飛船，2019 年在人類歷史上首次登陸月球背面的「嫦娥四號」探測器，它們都是被長征系列火箭發射到太空中去的。

發射倒計時

火箭發射前，指令員會喊倒計時：「10，9、8、7、6、5、4、3、2、1、點火！」操作員根據指令點燃火箭燃料。

三級火箭

三級火箭是由三節火箭組成的。1970 年，中國使用三級火箭「長征一號」，成功發射了第一顆人造衞星「東方紅一號」。

火的小課堂

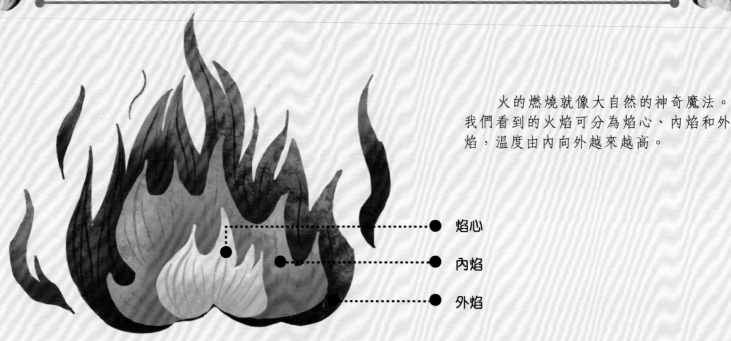

火的燃燒就像大自然的神奇魔法。我們看到的火焰可分為焰心、內焰和外焰,溫度由內向外越來越高。

- 焰心
- 內焰
- 外焰

燃燒必備三大條件

生火燃燒需要三種基本元素,包括:燃料、空氣和熱源。

1 燃燒需要可燃燒的物品,也就是火的燃料。易燃物料的種類繁多,包括固體、液體和氣體。固體易燃物料,如木材、紙張、棉屑、麵粉和金屬微粒;而易燃液體,如汽油、酒精、油漆稀釋劑(即天拿水);還有易燃氣體,如煤氣、石油氣、氫氣、甲烷、清潔噴霧劑等等。

2 燃燒需要熱源,常見的熱源,包括:未熄滅的煙蒂、電熱設備的發熱管、明火、火苗或者電火花等等。所以,孩子們千萬不要在家裏亂玩火啊!

3 燃燒需要助燃劑,最常見的就是空氣中的氧氣。你看,古人用風箱給爐子裏送風,其實就是在給它輸送氧氣。

滅火器

為了防止火警發生,我們要小心存放易燃物品,遠離火源。要是遇上起火,人們可以使用大廈的消防設備,例如滅火筒、消防喉轆、滅火氈和防火沙。滅火筒可以用來撲滅小火。請記住,一旦發現火勢猛烈,一定要保持鎮定,第一時間逃生並打電話報警求助!

火的小趣聞

麪粉爆炸

平時用來做食物的麪粉原來也是易燃物呢。如果把麪粉撒在空中，當大量麪粉這類細小的粉塵和空氣充分接觸並達至很高濃度時，此時如果遇到火源，就會瞬間發生燃燒，形成劇烈的粉塵爆炸。所以，在家裏使用麪粉時，記住千萬要遠離火源，而且不要讓麪粉滿天飛。

屁也能點着

我們放的屁中含有氫氣和甲烷等易燃氣體。從科學角度分析，當屁中的氫氣和甲烷達到一定濃度時，在一定條件下是可以被點燃的。不過，到目前為止，我們還沒有聽說過因為放屁而惹出火災的新聞。

「鬼火」

夜晚，荒郊野外有時會有一團藍火飄浮在空中。這難道是傳說中的「鬼火」？不要怕，這其實是一種自燃的現象，稱為「磷火」。動植物屍體腐爛後，會產生一種叫磷化氫的物質，磷化氫的燃點很低，在夏日夜晚自燃時，便形成了我們看到的「鬼火」。

太空中的火

火焰的形狀和重力有關。正常狀態下火焰的形狀是向上燃燒的，但在太空中失重的狀態下，火焰會向周圍各個方向蔓延，呈現出球形的火焰。

火焰龍捲風

這是一種出現在特定條件下的罕見現象，由於火的熱力令空氣上升，四周空氣湧入，形成龍捲。火苗形成一個垂直的旋渦，像龍捲風一般直刺天空。

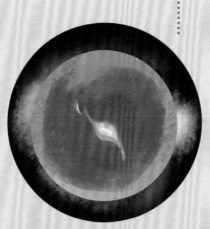

了不起的中國人

火——從鑽木取火到火力能源

作　　者：狐狸家
責任編輯：胡頌茵
美術設計：張思婷
出　　版：新雅文化事業有限公司
　　　　　香港英皇道 499 號北角工業大廈 18 樓
　　　　　電話：(852) 2138 7998
　　　　　傳真：(852) 2597 4003
　　　　　網址：http://www.sunya.com.hk
　　　　　電郵：marketing@sunya.com.hk
發　　行：香港聯合書刊物流有限公司
　　　　　香港荃灣德士古道 220-248 號荃灣工業中心 16 樓
　　　　　電話：(852) 2150 2100
　　　　　傳真：(852) 2407 3062
　　　　　電郵：info@suplogistics.com.hk
印　　刷：中華商務彩色印刷有限公司
　　　　　香港新界大埔汀麗路 36 號
版　　次：二〇二二年一月初版
本書繁體中文版由四川少年兒童出版社授權香港新雅文化事業有限公司
於香港、澳門及台灣地區獨家發行。